[日] 木村裕一 梁平 智慧鸟 著 [日] 木村裕一 智慧

U0173098

電子工業出版社
Publishing House of Electronics Industry
北京·BEIJING

未经许可，不得以任何方式复制或抄袭本书之部分或全部内容。
版权所有，侵权必究。

图书在版编目（CIP）数据

数学大侦探. 宴会之谜 / (日) 木村裕一, 梁平, 智慧鸟著 ; (日) 木村裕一, 智慧鸟绘 ; (日) 阿惠, 智慧鸟译. -- 北京 : 电子工业出版社, 2024.3
ISBN 978-7-121-47283-1

Ⅰ. ①数… Ⅱ. ①木… ②梁… ③智… ④阿… Ⅲ. ①数学－少儿读物 Ⅳ. ①O1-49

中国国家版本馆CIP数据核字（2024）第037968号

责任编辑：赵　妍　季　萌
印　　刷：北京宝隆世纪印刷有限公司
装　　订：北京宝隆世纪印刷有限公司
出版发行：电子工业出版社
　　　　　北京市海淀区万寿路173信箱　邮编：100036
开　　本：889×1194　1/16　印张：31.5　字数：380.1千字
版　　次：2024年3月第1版
印　　次：2024年3月第1次印刷
定　　价：180.00元（全6册）

凡所购买电子工业出版社图书有缺损问题，请向购买书店调换。若书店售缺，请与本社发行部联系，联系及邮购电话：（010）88254888，88258888。
质量投诉请发邮件至zlts@phei.com.cn，盗版侵权举报请发邮件至dbqq@phei.com.cn。
本书咨询联系方式：（010）88254161转1860，jimeng@phei.com.cn。

前言

这套书里藏着一个神奇的童话世界。在这里，有一个叫作十角城的地方，城中住着一位名叫仙鼠先生的侦探作家。仙鼠先生看似糊涂随性，实则博学多才，最喜欢破解各种难题。他还有一位可爱的小助手花生。他们时常利用各种数学知识，破解一个又一个奇怪的案件。这些案件看似神秘，其实都是隐藏在日常生活中的数学问题。通过读这些故事，孩子们不仅能够了解数学知识，还能够培养观察能力、逻辑思维和创造力。我们相信，这些有趣的故事一定能够激发孩子们的阅读兴趣。让我们一起跟随仙鼠先生和花生的脚步，探索神秘的十角城吧！

哗啦
小小的渡轮随着汹涌的波涛上下起伏，在海上行驶了四个多小时，海雾中才慢慢显露出了目的地的轮廓——一座四面都是陡峭悬崖的孤岛。
一阵阵沉闷的雷声从压在头顶的黑云中翻滚出来，带来的却不是暴风骤雨，而是一团团从天而降的诡异黑雾。它们在海面翻滚着，和巨浪融为一体，裹挟着可怜的渡船，时而将它抛上浪尖，时而把它卷入海潮。
轰隆隆

先生，我们现在还来得及返航！
不，我们怎么能错过……和恶魔的约会呢！
站在船头的高大身影握紧船舵，向着黑暗的海潮直冲了过去……

“您竟然没有听说过可怕的巫师岛？它曾经是一座繁荣的港口，十几年前，因为巫师的诅咒，被一场巨大的海啸摧残成了一座废墟。现在，岛上人迹罕至，只有一些不要命的渔船会把它作为歇脚的中转站，而且他们也只敢在岛屿的边缘停留，因为……那名可怕的巫师还盘踞在岛屿的中心，企图打开通往地狱的大门！”

好可怕，
我们能不
去吗？
不能。

雾越来越浓，渡船在海面
上越来越慢，终于慢慢地停了
下来。

距离海岸线只有四五百
米了，可是雾太大，附
近都是暗礁，我找不到
靠岸的安全位置。

如果你们同意，
我可以免费载你
们回城。

我们有很重要的事情需要上岛，所以……
仙鼠先生拒绝了船长的好心，爬上高高的桅杆，然后纵身一跃，展开翼膜，在空中滑翔起来。
主人，一定要活着回来啊，我会在家里等你的。

可仙鼠先生却一个俯冲，从浓雾中掠回……

他揪起花生，向着雾霭中的巫师岛飞去。

悬崖边的海滩上已经有 8 个人等在那里了。一位衣着讲究的柴犬绅士望了望鼹鼠驾驶的破马车，皱紧了眉头。

除了仙鼠、花生，以及刚刚说话的柴犬绅士，还有一位大胡子阿伯（野猪）、一位身穿西装的中年男子（黄鼠狼）、一位穿着晚礼服的女士（狗獾），一位打扮妖艳的贵妇（狐狸），以及 3 名打扮十分怪异的年轻人。

仙鼠先生从怀中掏出请柬，找了半天，终于看到画在角落上的一个图形，立刻暗笑起来。

小朋友们，你们知道什么是轴对称图形吗？下面这幅轴对称图形隐藏的密码究竟是什么？请你快帮仙鼠先生找出来吧。

知识点 **轴对称**

如果一个图形沿一条直线折叠，直线两侧的图形能够互相重合，这个图形就叫作轴对称图形，这时，我们也说这个图形关于这条直线（成轴）对称。折痕所在的这条直线叫作对称轴。如下图所示：

答案解析：把每个图形沿对称轴分开，就可以得到一组数字。这就是通行密码：87513246

喂，不要丢下我们！
三个没能破解密码的年轻人呼喊着，马车却一点儿也没有停下的意思。他们的身影很快就被浓雾吞没了。
看来这份遗产并不是那么好继承的哦。
仙鼠先生盯着手中的请柬陷入了沉思……

三天前，熊猫餐厅的熊猫爸爸登门拜访，拿出了一份请柬。
务必请您替我前往！
继承遗产？这么好的事你为什么不自己去？
请柬上的地址是我的伤心之地，这辈子都不想再次踏足，请代替我拒绝接受遗产。
有钱都不要？那你不去就行了，为什么还要让我代替你参加？

我总觉得没有那么简单。请您务必接受这个委托，不要让事情向可怕的方向发展！
嗯，委托费……50碗拉面！
20碗！
40碗，不能再少了！
最多35碗！
成交！
一次十分“严肃”的委托任务就此达成！

哒哒哒
于是，仙鼠先生和花生一起踏上了这座陌生的孤岛。

马蹄声从车厢外不断传来，车厢里的人都不认识彼此，一个个默不作声，气氛尴尬得有些诡异。
咔哒哒
咔哒哒

嘿嘿，好像很无聊啊，不如我们来做一个游戏好不好？
好啊，我最喜欢玩游戏了。

不过有一个条件，输的那位要把请柬扔掉，自动退出遗产的继承。

其余几人立刻向他投来了鄙夷的目光，完全没有回应。

不等花生回答，仙鼠先生却伸了个懒腰。
好啊，我接你的挑战。
嘻嘻，听好了，2 × 6=12，2 和 6 的积是 12，因此 2 和 6 是 12 的因数；0 × 0=0，0和0的积是0，所以 0 的因数是多少？

这还不简单，当然是……

花生刚要回答“0 的因数是 0”，却被仙鼠先生一把捂住了嘴巴。
你的问题是个陷阱，0 根本没有因数！

小朋友，你知道什么是因数吗？0 为什么会没有因数呢？

知识点 **因数**

整数 B 能整除整数 A，A 叫作 B 的倍数，B 就叫作 A 的因数或约数。例如，在算式 6÷2=3 中，2、3 就是 6 的因数。

6 的因数有：1 和 6，2 和 3。

10 的因数有：1 和 10，2 和 5。

15 的因数有：1 和 15，3 和 5。

25 的因数有：1 和 25，5。

0 没有因数，因为所有的因数和倍数的讨论都指的是在非 0 自然数的范围内。0 和任何数相乘都得 0。

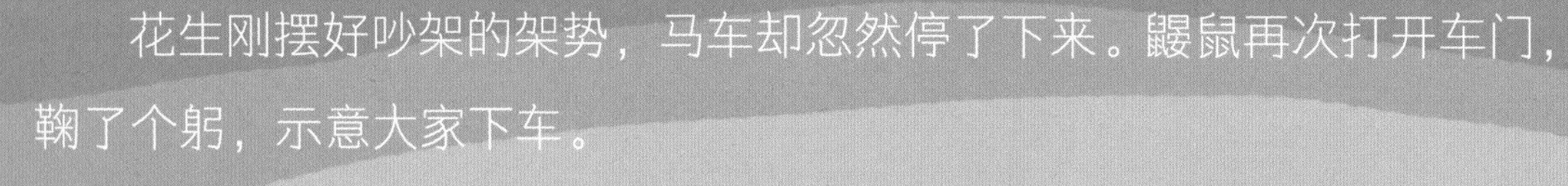

花生刚摆好吵架的架势，马车却忽然停了下来。鼹鼠再次打开车门，鞠了个躬，示意大家下车。

这是一座矗立在山崖边上的建筑，建筑的后半部分有点儿像大航海时代的古堡，城堡的后墙几乎与岸边的峭壁上下一线。澎湃的海浪拍击着悬崖，浪花和泡沫夹杂着新鲜的海腥味在窗玻璃上留下了一道道水痕。

前厅和花园则充满了商业时代的时尚，整洁而宽阔的草坪，笔直的车马大道，矗立着地狱之门雕像的喷泉水池，真是让人心旷神怡。

主人已经在晚宴上等着大家了。
喂，就是你要把遗产分给我们吗？可我们并不认识你，这不会是一场恶作剧吧？
这座岛不是已经被海啸毁掉了吗？
我的主人用了十几年的时间恢复了这座城堡，这里是岛上唯一完整的建筑了。
这座城堡的主人一定很有钱，我们能代替熊猫爸爸接受遗产吗？
哎呀呀，肚子好痛！厕所在哪里？

鼹鼠管家为柴犬先生指出卫生间的方向后，古堡的大门缓缓打开。鼹鼠管家带着大家走进了这座巍峨的城堡。在大厅中央，已经摆好了各种美食，一位老人坐在轮椅上，似乎已经等待很久了。墙上的钟忽然响了起来，大雾的天气使人很难辨别时间，现在竟然已经中午 12 点了。

老人用一只勺子轻敲杯子，
示意鼹鼠管家带客人们在安排好的位置坐下。
诸位一定很奇怪为什么会收到请柬吧？其实这是一份迟到的礼物，感谢你们在几十年前的大海啸中的英勇！
大厅忽然落下一块巨大的屏幕，上面展示出一张泛黄的报纸的图像。报纸正中的照片上，映着十几位蓬头垢面的人，只是年代久远，照片已经模模糊糊看不清了。

仙鼠望了望身边的客人，隐约在照片中找到了相似的身影。

而最为突出的，竟然是熊猫爸爸魁梧高大的身躯——看来请柬上的客人都是巫师岛的旧居民。

“很可惜我只能找到你们几位英雄，我决定在生命即将走到终点的时候，把自己的财产全部分给你们表示感谢。”老人终于揭开了谜底，“我的身体不好，就不陪着大家了。”

“请看一下自己座椅的背后，座位是偶数的请到左边走廊的卧室休息，座位是奇数的请到右边走廊的卧室休息。明天我们再安排遗产分配的问题。”管家说道。

宴会过后，鼹鼠管家带客人们到各自的房间。
9
10
8
“不对劲哦。西装男和大胡子的座位是靠在一起的，他们怎么会选了同一侧的房间呢？”仙鼠先生突然说。
8
为什么座位靠在一起，房间就不可能在同一侧呢？
偶数和奇数的特性，你难道忘记了吗？

小朋友，你知道仙鼠先生发现了什么秘密吗？偶数和奇数还有什么特性，你能帮花生讲解一下吗？

知识点 **奇数和偶数的性质**

1. 奇数不会同时是偶数；两个连续整数中必是一个奇数一个偶数。

2. 奇数跟奇数的和是偶数；偶数跟奇数的和是奇数；任意多个偶数的和都是偶数。

3. 两个奇（偶）数的差是偶数；一个偶数与一个奇数的差是奇数。

4. 除 2 外所有的正偶数均为合数。

5. 相邻偶数最大公约数为 2，最小公倍数为它们乘积的一半。

6. 奇数的积是奇数；偶数的积是偶数；奇数与偶数的积是偶数。

7. 偶数的个位上一定是 0、2、4、6、8；奇数的个位上是 1、3、5、7、9。

1 2 3 4 5 6
“两个连续整数中必是一个奇数一个偶数，所以靠在一起的座位不可能被分配到同一侧的房间！”听了仙鼠先生的讲解，花生恍然大悟。

没错，警惕一些，我总觉得有什么不好的事情要发生了。
仙鼠先生严肃地交代着，可花生已经眼皮打架，迷迷糊糊地睡着了。

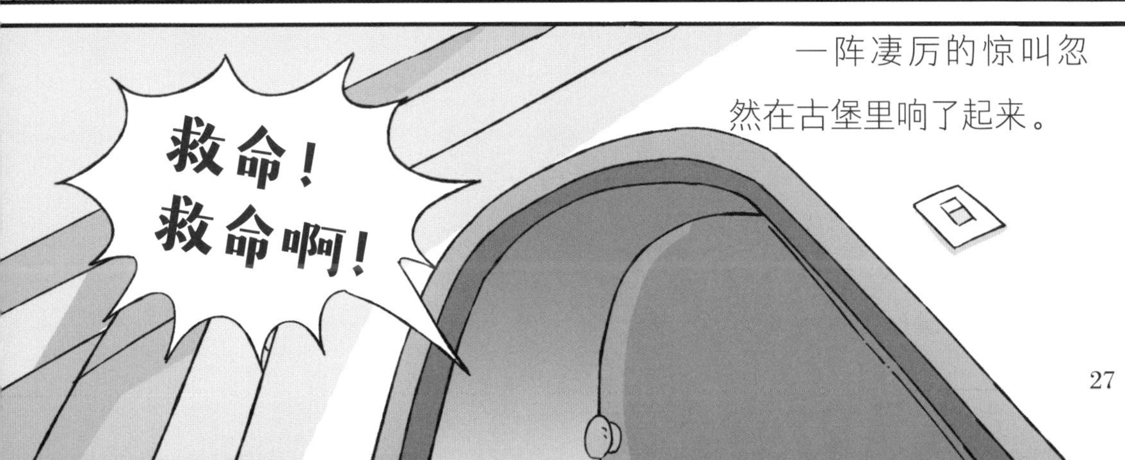
一阵凄厉的惊叫忽然在古堡里响了起来。
救命！救命啊！

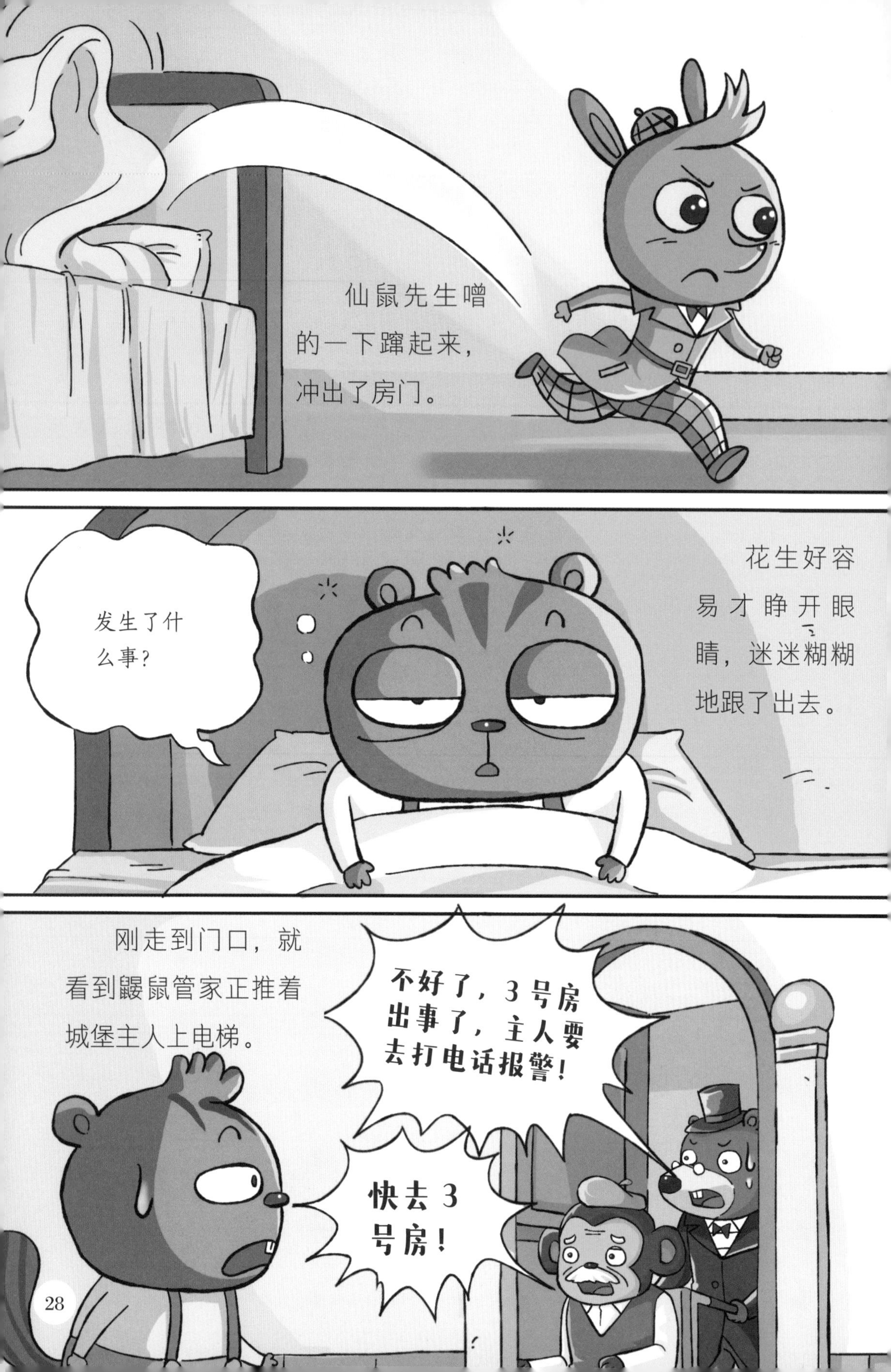
仙鼠先生噌的一下蹿起来，冲出了房门。
发生了什么事？
花生好容易才睁开眼睛，迷迷糊糊地跟了出去。
刚走到门口，就看到鼹鼠管家正推着城堡主人上电梯。
不好了，3号房出事了，主人要去打电话报警！
快去3号房！

不到两分钟时间，所有的人都聚集在了另一侧的走廊。

只见挂着3号门牌的房门里，西装男坐在地上，浑身颤抖，已经吓得说不出话来了。房间内的大胡子脖子上系着绳套，挂在电风扇上，一动不动。

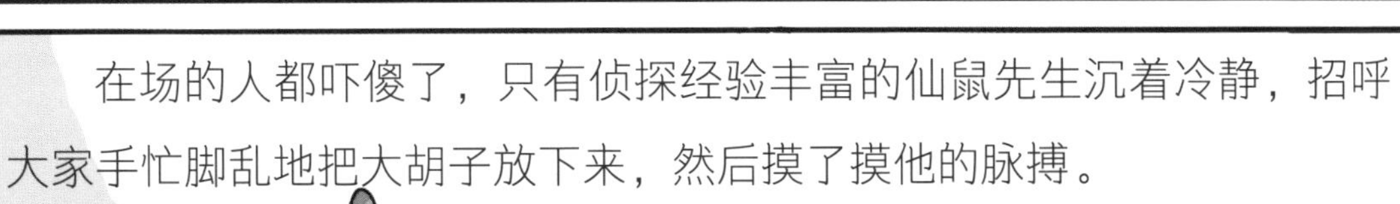

在场的人都吓傻了，只有侦探经验丰富的仙鼠先生沉着冷静，招呼大家手忙脚乱地把大胡子放下来，然后摸了摸他的脉搏。

我刚才太无聊，想来找他聊聊天，没想到一进来就发现他……抑郁症真是太可怕了。
咦？你怎么知道死者有抑郁症？
他脚下的药就是治疗抑郁症的。
果然，在房间的角落里，仙鼠先生发现了一瓶抗抑郁的药品。

你观察得还挺仔细的嘛。但大胡子先生并不是自杀，这些药品是被人故意放在这里的。
哦？你有什么证据吗？
你们看，这是在死者口袋里发现的！
33550336
完全数？他为什么带着完全数？

出现在古堡命案中的数字为什么会让大家大惊失色？让我们先了解一下什么是完全数，然后再进行接下来的冒险吧！

知识点 完全数

完全数又称完美数或完备数，是一些特殊的自然数。它所有的真因子（即除自身以外的约数）的和（即因子函数），恰好等于它本身。例如，6 有约数 1、2、3、6，除去它本身，其余 3 个数相加，1+2+3=6。

第一个完全数是 6，第二个完全数是 28，第三个完全数是 496，后面的完全数还有 8128、33550336 等。截至 2018 年，相关研究者已经找到 51 个完全数。

“大胡子先生在遇害前，还一边喝酒，一边看着报纸上的中奖号码，在纸上计算下一期彩票的中奖概率，这个数字应该是他最后得出的结果。一个想自杀的人不会这么认真考虑该怎么发财吧？”仙鼠先生分析道。

识破了大胡子遇害的真相后，大家不约而同把仙鼠先生当成了主心骨。
那……那会是谁杀了他？为什么要杀了他？
大家刚才都在干什么？能说一说吗？

仙鼠点点头。推着轮椅从二楼下来需要坐电梯，所以他们刚才是最晚赶到的。
我在二楼为主人读报。

我正在屋里写日记，记下今天的经历，不信你们可以去看。

我在屋里唱歌，然后和隔壁不懂艺术的老太婆吵了一架。
艺术？我还以为你在哭呢。
那么，这三位都有了不在场证明。
我……我回房间后就睡下了，一直睡到刚才，醒来就发现自己躺在案发现场了。
莫名其妙出现在案发现场？那只能说，现在你的嫌疑是最大的。

其他人一拥而上，
把西装男捆了起来。
对了，狗獾女士，我刚刚在玩数学竞猜时遇到了一个难题，你能告诉我什么是质数，什么是合数吗？
啊？这个……我……好像有点儿忘记了。

仙鼠先生怎么可能不知道质数、合数是什么呢，他这么做不过是为了试探狗獾女士而已。果然，这个家伙并不懂数学。那么，小朋友们，你们知道合数和质数是什么吗？

知识点 **质数与合数**

质数: 指在一个大于 1 的自然数中，除 1 和此整数自身外，没法被其他自然数整除的数。

合数: 比 1 大但不是质数的数称为合数。1 和 0 既非质数也非合数。合数是由若干个质数相乘得到的。

质数是合数的基础，没有质数就没有合数。

鼹鼠管家关上房门保护案发现场，
然后带着大家一起回到了大厅。
哼，还说自己精通数学呢。
发生了这样的事情真是遗憾。主人已经报警了，请大家不要分开，在大厅等消息吧。
3
众人坐在大厅中闲聊，认定了被捆在一边的西装男就是凶手。
真是太可怕了，他一定是为了多分一份遗产吧。

看着他蹒跚的模样，大家赶紧迎上去帮忙，七手八脚地分发着杯子。

香喷喷的红茶下肚，大家紧张的心情得到了一些缓解。

这时，诡异的事情却再次发生了！只见狗獾女士忽然看着手里的杯子，双手捂着心口，表情痛苦地大口喘起了气。

可狗獾女士挣扎了几下后就一动不动了。
等战战兢兢的大家全都围上来时，狗獾女士已经停止呼吸了。
看起来是心脏病的症状。狗獾这个种族就是太急躁，天生就心脏不好，真是太可惜了。
心脏病？我保留怀疑。

一瞬间，就像变魔术一样，大家的面前已经出现了一套完整的试验设备。

仙鼠先生从大家手中拿过杯子，开始了一连串的检测。

伴随着一连串五彩斑斓的烟雾和爆炸，仪器的屏幕上显示出一个骷髅的形状，并不停发出警报声。
有毒，有毒，有毒！

喝过茶水的人立刻觉得自己的肚子也有点儿疼了。
有毒？我们不会也有事吧？
不用担心，只有受害人的杯子里检测到了有害物质！

除了被捆着的嫌疑人和没在现场的主人，加上新的受害者，我们一共有六个人。要在把一壶茶水分给六个人的过程中精准地给受害者下毒……花生，你会怎么做呢？
这个……一壶茶分给六个人……哎呀，主人，你知道我不懂分数的啦！

哎呀呀，关键时刻，还是小朋友来帮帮花生，先带他熟悉一下分数的知识吧！

知识点 分数

分数：把单位“1”平均分成若干份，表示这样的一份或几份的数叫分数。表示这样的一份的数叫分数单位。

分数的分类：分数可以分成真分数、假分数、带分数、百分数。

分数的基本性质：分数的分子和分母同时乘或除以相同的数（0 除外），分数的大小不变。

如何比较分数的大小：如果分母相同，分子大的那个分数就大；如果分子相同，分母小的那个分数就大；如果分母、分子都不同，可以先通分，再比较。

重点并不在分数哦，花生。重点是怎么悄悄地给某个人下毒还不被发现。
也就是说，给大家送茶的人嫌疑最大！
大家立刻把目光投向了鼹鼠管家。
不……不关我的事，我只是把茶端来，倒茶的人并不是我啊。

大家的目光立刻又投向了仙鼠先生！
说的没错，倒茶的应该是……

啊？好像真的是我
给大家倒的茶啊。

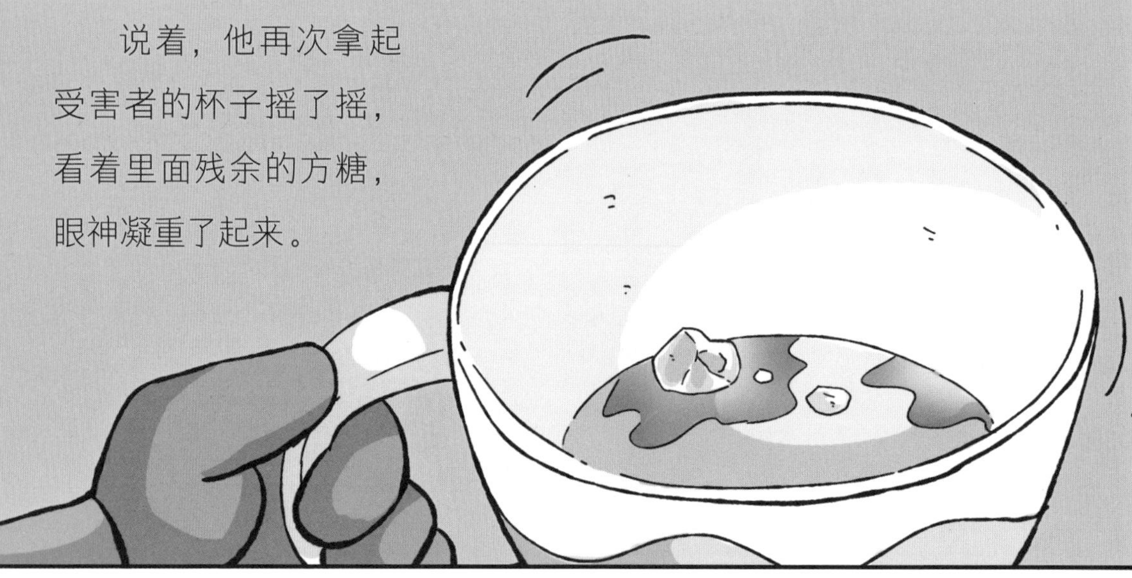
说着，他再次拿起
受害者的杯子摇了摇，
看着里面残余的方糖，
眼神凝重了起来。

原来是这样。

“放心吧，你不是凶手，我也不是凶手。凶手很狡猾，并没有在水里下毒，而是把毒下在了杯子里。”仙鼠先生对鼹鼠管家说。

“可是她就坐在我的对面，一直都在用这个杯子喝水。我记得她一共喝了两杯茶。如果杯子有毒，为什么她喝第一杯的时候没有发作？”

“下毒者为了摆脱自己的嫌疑，把毒药放在了方糖内部，然后把方糖放在了受害者的水杯中。”

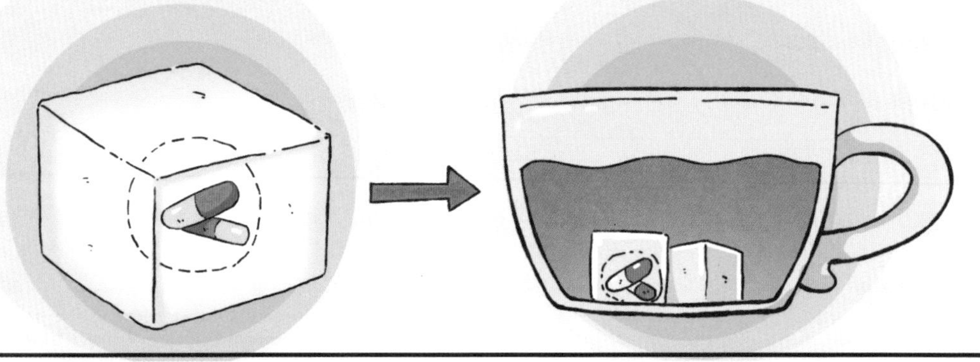

“而这个时候，下毒者早就离她远远的了，有充分的不在场证明，自然也就能摆脱嫌疑了。”

也就是说，凶手要精确地计算好方糖融化的时间，这也太难了吧？
这并不难，只要懂得计算正方体的表面积，就可以制作出不同大小的方糖来控制时间。

嘿，问题又来了，小朋友们，你们知道有关正方体的知识吗？能用最快的时间告诉大家怎么计算立正体的表面积吗？

知识点 **正方体**

正方体的特征：

1. 有 6 个面，每个面完全相同。

2. 有 8 个顶点。

3. 有 12 条棱，每条棱长度相等。

4. 相邻的两条棱互相（相互）垂直。

正方体的表面积：

因为 6 个面全部相等，所以正方体的表面积 = 一个面的面积 ×6= 棱长 × 棱长 ×6，用公式表示为 $S=6\times a\times a$ 或 $S=6a^2$。

正方体的体积：

正方体的体积 = 棱长 × 棱长 × 棱长，用公式表示为 $V=a\times a\times a$。

刚才是谁分发的方糖呢？
这个……
大家面面相觑，刚刚手忙脚乱一阵忙乎，好像每个人都参与了分发的过程。
真是太狡猾了，用这么复杂的手段下毒，凶手究竟想干什么呢？

也就是说，现在凶手就是我们中的某一个人！

所有人立刻像被地板烫了脚一样，跳起来拉开和身边人的距离，相互投去怀疑的目光。

主人呢？他不是说要去报警吗？怎么到现在还没下来？

对啊！大家不要分开，一起跟我上楼去找主人！

一群相互猜忌的客人沿着城堡狭窄的螺旋楼梯，一步步向着主人居住的二楼书房走去。

带头的鼹鼠管家不停地敲着门，却没有得到回应。仙鼠先生走过去，一把推开了房门。

天空中传来一声响亮的炸雷，一股股闪电不断闪耀着，追逐在窗外，照亮了漆黑的书房。

鼹鼠管家打开了灯，不算很大的书房一览无余。房中空无一人，上来报警的城堡主人竟然不见了！只有一张轮椅放在书桌前。

轮椅很凉，说明主人
已经离开很久了。
离开？可是主
人根本无法走
路啊。
仙鼠快速观察起四周的环境。二楼的书房是突出城堡的一个独立观景房，只能通往一楼。
房间里的窗子是从内部关闭的，通往一楼的电梯一旦启动就会发出声音，不会走路的主人怎么会悄无声息地不见了呢？

就在大家摸不着头脑的时候，楼下忽然传来一声惨叫："救命！啊——"
站在人群最后的柴犬先生赶快带着大家向楼下冲去！

可惜已经晚了。柴犬先生第一个冲到西装男身边，西装男已经气息全无，胸口用匕首插上了一张纸条，上面有一行鲜红的字迹：快开门，快开门，快告诉我们什么是真分数，什么是假分数！

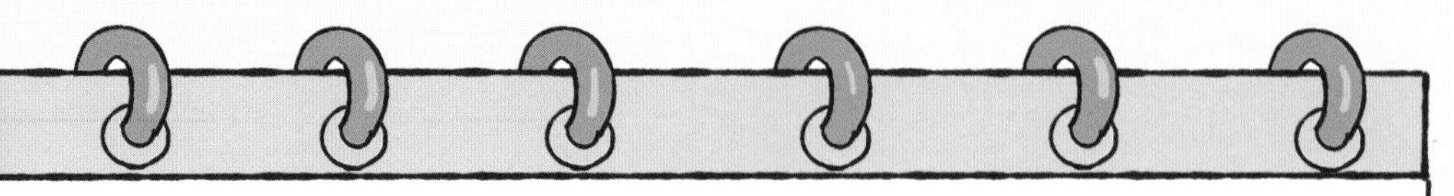

真是太奇怪了，为什么凶案现场总会出现数学题？不论是凶手的恶作剧，还是案件的线索，我们都要先把它研究清楚才行哦！

知识点 **真分数和假分数**

真分数：分子比分母小的分数，叫作真分数。真分数小于 1。如 $\frac{1}{2}$，$\frac{3}{5}$，$\frac{8}{9}$ 等。真分数一般是在正数的范围内研究的。

假分数：分子大于或者等于分母的分数叫作假分数，假分数大于 1 或等于 1。

假分数通常可以化为带分数或整数。如果分子和分母成倍数关系，就可化为整数，例如 $\frac{8}{4}$ 可以化为 2，如不是倍数关系，则可化为带分数，例如 $\frac{9}{4}$ 可以化为 $2\frac{1}{4}$。

约分：把一个分数化成和它相等，但分子、分母都比较小的分数，叫作约分。

这是在针对我们！
下一个……下一个
就要轮到我们中的
一个了！
针对你们？你们
都是谁？凶手留
下的题目又是什
么意思？
你们要保护
我，你们答应
保证我的安
全，我就说
出真相……

我以十角城最著名侦探小说家的名义发誓，会保护你的安全，但前提是你要完整地说出真相……
狐狸太太终于说出了隐藏了十几年的一场悲剧。
事情要从十几年前的海啸说起……

原来在十几年前，大海啸发生的时候，狐狸太太并不是为了救人才留下来做了英雄，反而是趁乱打劫，和一群年轻人洗劫了岛上的银行——那里存放着所有岛民辛苦积攒的所有财产。

留在岛上守护银行的行长斑先生被他们绑架后抛弃在荒野中，生死不明，所有岛民的血汗钱都被他们席卷一空。因为失去了灾后重建家园的希望，所以巫师岛至今也没有恢复！

十几年过去，参与案件的人都改头换面，即使面对面也无法认出对方。

但每次凶案现场留下的数学题目，却不能不让她想起斑先生——一位痴迷数学的慈善家。

呜呜，被害的一定都是当年洗劫银行的人。这座城堡的主人一定是斑先生，他没有死，是他回来报仇了！
原来是这样。
你的主人究竟是什么人？他究竟是不是这一切的主谋？

鼹鼠管家也害怕了，战战兢兢说出了自己的经历。原来他也才当上管家没有多久，只比大家早来十几天，对主人的过往一点儿也不清楚。

嘿，大家快做好准备，老师要提问了，回答不正确要接受惩罚哦！
忽然，不知道从哪里传来一阵和蔼可亲的声音。
请回答，什么是公因数？什么是公倍数？回答正确，就可以安全离开了哦！
啊！是斑先生的声音，是他，是他回来了！

小朋友们，真凶就要浮出水面了。为了仙鼠先生的安全，快帮他回答出正确的答案吧！

知识点 **公因数与公倍数**

公因数：在两个或两个以上的自然数中，如果它们有相同的因数，那么这些因数就叫作它们的公因数。任何两个自然数都有公因数 1（除 0 外），而这些公因数中最大的那个称为这些正整数的最大公因数。例如，12 和 15 的公因数有 1、3，最大公因数是 3。

公倍数：指在两个或两个以上的自然数中，如果它们有相同的倍数，这些倍数就是它们的公倍数。这些公倍数中最小的，称为这些整数的最小公倍数。例如，2 和 3 的公倍数是 6、12、18、36……最小公倍数是 6。

花生手忙脚乱地拔掉电源，声音终于停了下来。

喂，你怎么了？喂！

紧接着又是一声尖叫传来，
仙鼠先生再一次望过去
呀！

只见柴犬先生惊慌地用手指着
狐狸太太。
她……
她……

她面前的窗玻璃破了一大块。
她连惊叫的机会都没有，就被一只利箭钉在了椅子上。
大家散开，不要靠近窗户，都贴紧墙壁蹲下。

喂！不要再装腔作势了！你的目的已经达成了！还想继续伪装下去吗？
我……我没有装腔作势，我只是藏起了一片点心……

没说你。
仙鼠先生揪起花生扔到一边。

窗玻璃是从内向外打破的，不是从外面向里面破碎的。
也就是说，箭并不是从窗外射进来的。
而是室内的人趁乱用箭矢杀死了狐狸太太，又故意敲烂窗玻璃，制造箭矢从外面射来的假象。

你为什么看着我？就算凶手在室内，室内还有这么多人，也有可能是城堡的主人藏在哪里……
不要狡辩了，这座城堡的主人就是你！

我是城堡的主人？不要开玩笑了，我有那么老吗？
你怎么知道主人很老呢？
不是……不是所有人都看到他了吗？

“我们见到主人的时候，你去上厕所了；主人离开后，你才回来大吃大喝。”

“我在走廊看到主人去报警后，距离 3 号房还有一段距离，而你跟着所有人赶到 3 号房时，主人却离开了。”

你们两个总会碰巧不
在同一个场合出现，
你不觉得太巧了吗？

如果我没猜错，西装男
也是被你在饭菜里下了
迷药，故意抬进3号房
间的吧？

你……还真不愧是十角城的神探啊！真可惜啊，本来我是邀请的那头熊猫，不能把他干掉真是太遗憾了。

喂，你真的以为自己这样做就是对的吗？
如果我猜的没错，你和这些受害者都是当年斑先生资助的孤儿吧？

“没错！当年，斑先生不仅资助我们生活，还时常亲自教我们学数学，希望我们将来能成为一个有用的人。”柴犬先生回忆道。

可是，熊猫爸爸并没有参与当初的抢劫啊。这么多年来，他一直遵循着斑先生的教育，不停地做着公益事业。
对，包括资助我可怜的主人吃霸王餐。

我相信你并没有被仇恨完全蒙蔽，一开始就在请柬上用轴对称密码难题阻止年轻人前来，就是为了不想上一代的错误惩罚他们吧？
仙鼠先生说着，拿出了一个笔记本，封面手绘着一串轴对称的数字图形。
虽然不知道他究竟预感到了什么，但他特意拜托我，如果遇到他的老朋友，就把这个交给他。我猜你应该就是他的老朋友吧。

这……这是……我们一起做的课堂笔记。封面上的数字是我的生日……

柴犬先生的眼睛忽然模糊了起来，他慢慢打开笔记本的第一页。

只见上面画着一个歪歪扭扭的统计图，统计图上标注的是一群伙伴不断增长的身高……

知识点 **统计图**

复式折线统计图用一个单位长度表示一定的数量，根据数量的多少描出各点，然后把各点用线段顺次连接起来，以折线的上升或下降来表示统计数量的增减变化。折线统计图不但可以表示出数量的多少，而且还能够清楚地表示出数量增减变化的情况。

熊猫爸爸还是那么沉默寡言，一声不吭地给柴犬递上了一碗自己煮的拉面。

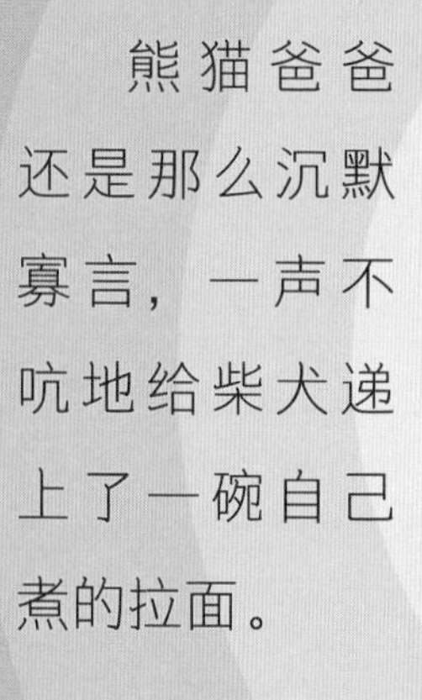

泪水逐渐模糊了柴犬先生的双眼，依稀之间，他仿佛和熊猫爸爸一起回到了少年时代，身边围绕着同样天真无邪的伙伴们，一起奔跑在沙滩上。而在他们身后微笑着的，依然是那位和蔼而善良的斑先生！